# BEI GRIN MACHT SICH IHR WISSEN BEZAHLT

AF141504

- Wir veröffentlichen Ihre Hausarbeit,
  Bachelor- und Masterarbeit

- Ihr eigenes eBook und Buch -
  weltweit in allen wichtigen Shops

- Verdienen Sie an jedem Verkauf

## Jetzt bei www.GRIN.com hochladen und kostenlos publizieren

Joerg Musiolik

# Innovationstheoretische Ansätze in der Wirtschaftsgeographie - Konzepte und Bewertung nationaler und regionaler Innovationssysteme

GRIN Verlag

**Bibliografische Information der Deutschen Nationalbibliothek:**

Die Deutsche Bibliothek verzeichnet diese Publikation in der Deutschen National-
bibliografie; detaillierte bibliografische Daten sind im Internet über http://dnb.d-
nb.de/ abrufbar.

**Impressum:**

Copyright © 2001 GRIN Verlag GmbH
Druck und Bindung: Books on Demand GmbH, Norderstedt Germany
ISBN: 978-3-638-68741-6

**Dieses Buch bei GRIN:**

http://www.grin.com/de/e-book/38388/innovationstheoretische-ansaetze-in-der-
wirtschaftsgeographie-konzepte

**GRIN - Your knowledge has value**

Der GRIN Verlag publiziert seit 1998 wissenschaftliche Arbeiten von Studenten, Hochschullehrern und anderen Akademikern als eBook und gedrucktes Buch. Die Verlagswebsite www.grin.com ist die ideale Plattform zur Veröffentlichung von Hausarbeiten, Abschlussarbeiten, wissenschaftlichen Aufsätzen, Dissertationen und Fachbüchern.

**Besuchen Sie uns im Internet:**

http://www.grin.com/

http://www.facebook.com/grincom

http://www.twitter.com/grin_com

Philipps- Universität Marburg

Fachbereich Geographie

Oberseminar: Neue Ansätze und Ergebnisse der Wirtschaftsgeographie

WS 2001/2002

# Innovationstheoretische Ansätze in der Wirtschaftsgeographie –
# Konzepte und Bewertung Nationaler und Regionaler Innovationssysteme

Jörg Musiolik

# Gliederung

# Zusammenfassung

Das Auftreten von Innovationen rückte in den letzten beiden Jahrzehnten immer mehr in den Focus der wissenschaftlichen Analyse in der Wirtschaftsgeographie. Im Mittelpunkt dieser Broschüre steht die Frage nach dem Entstehen und nach den Rahmenbedingungen von Innovationen. In ersten wirtschaftwissenschaftlichen Modellen entstehen Innovationen noch zufällig. Sie sind Nebenprodukte des Wirtschaftens bis A. Schumpeter die Rolle von Forschungs- und Entwicklungseinrichtungen (FuE.) als gerichteten Entwicklungsprozess erkennt. Innovationen müssen aber nicht zwingend in diesen Abteilungen ihren Ursprung finden. Sie können an allen Punkten einer Produktionskette entstehen. Mit dieser Annahme vollzieht sich der Übergang von einem linearen zu einem interaktiven Innovationsmodell. Erneuerungen entstehen damit durch die Rückkopplung verschiedener Prozesse und Akteure. Das Konzept vom Nationalen Innovationssystem (NIS) erweitert in einem nächsten Schritt diesen interaktiven Ansatz. Neben technologischen und ökonomischen Komponenten werden auch sozioökonomische Einflussfaktoren relevant. Gesellschaftliche Rahmenbedingungen (Werte, Normen), Institutionen (Forschungs- und Bildungseinrichtungen, das Finanzsystem) üben direkt oder indirekt Einfluss auf das Innovationsgeschehen aus. Es lassen sich länderspezifische Innovationssysteme unterscheiden und zwischen den Polen Korporatismus – Liberalismus verorten. Je nach Typus unterstützen die gesellschaftlichen und institutionellen Rahmenbedingungen eines Landes eine bestimmte Art von Innovationen. Deutschland in den 80er Jahren steht für die erfolgreiche Umsetzung von inkrementalen Innovationen. Die USA ist seit Jahren das führende Land bei radikalen Erneuerungen. Das Konzept des Regionalen Innovationssystems überträgt den umfassenden Ansatz eines NIS auf die Ebene von Regionen. Unternehmen und Institutionen einer Region oder eines Wirtschaftssektors sind auf sehr unterschiedliche Weise vernetzt. Insbesondere die räumliche Nähe der Akteure wird bei komplexen Innovationen und der Kommunikation von personengebundenem Wissen besonders wichtig. In regionalen Netzwerken kann unterschiedliches Know-how und verschiedene Kompetenzen in einem kollektiven Lernprozess kreativ miteinander kombiniert werden. Der Erfolg von Unternehmen ist damit zu einem großen Anteil von den institutionellen und kommunikativen Bedingungen des lokalen Milieus abhängig, welches wiederum in den überregionalen und nationalen Kontext eingebettet ist.

# Abbildungsverzeichnis

# Abkürzungsverzeichnis

| | |
|---|---|
| Abb. | Abbildung |
| Bd. | Band |
| bspw. | beispielsweise |
| bzw. | beziehungsweise |
| DIN | Deutsche Industrie Norm |
| FuE | Forschung und Entwicklung |
| FR | Frankfurter Rundschau |
| Hrsg. | Herausgeber |
| k.A. | keine Angaben |
| Kap. | Kapitel |
| Jg. | Jahrgang |
| Jh. | Jahrhundert |
| Nr. | Nummer |
| Mio. | Millionen |
| Mrd. | Milliarden |
| NIS | Nationale Innovationssystem |
| o.S. | ohne Seitenangabe |
| o.V. | ohne Verfasser |
| o.O. | ohne Ort |
| RIS | Regionale Innovationssystem |
| S. | Seite |
| s.a. | siehe auch |
| sog. | so genannte |
| StaBu | Statistisches Bundesamt |
| u.a. | unter anderem |
| u.U. | unter Umständen |
| usw | und so weiter |
| v.a. | vor allem |
| vgl. | vergleiche |

# 1. Die neue Form der Wissensproduktion

„Wissen ist macht" – dieser Ausdruck aus der Umgangsprache lässt sich auch auf der Ebene des Wirtschaftssystems übersetzen. Wissen bedeutet wirtschaftliche Macht, technologische Führerschaft und damit Vorsprung (Monopolrenten) im Wettbewerb der Unternehmen um Ressourcen, gebildeten Arbeitskräften und vor allem um Marktanteile. Die Umsetzung von Wissen in Produkte, effizientere Produktionsabläufe oder Dienstleistungen findet über Innovationen statt "...in modern capitalism, however, innovation is a fundamental and inherent phenomenon; the long term competitiveness of firms, and of national economies, reflect their innovation capability and, moreover, firms must engage in activities which aim at innovation just in order to hold their ground." (Lundvall 1993:8).

Dem vierten Produktionsfaktor „Wissen" wird heute etwa. ein Anteil von 50% an der allgemeinen Wertschöpfung beigemessen (Backhaus 1999:7). Beim Produktionsfaktor Wissen (Know-how) muss dabei zwischen kodifiziertem und personengebundenem Wissen (tacit knowledge) unterschieden werden. Bei der Umsetzung von Wissen in marktfähige Produkte sind besonders die Kompetenzen und Fertigkeiten der Akteure im Innovationsprozess für den Erfolg eines Unternehmens ausschlaggebend. Bei diesen Kompetenzen handelt es sich oftmals um personengebundenes Wissen, welches vor allem durch Lernprozesse (learning by doing, learnung by using) weiter entwickelt wird. In der frühen Phase der Innovation sind diese Kompetenzen noch nicht kodifizierbar und dementsprechend Face-to-Face-Kontakte und die räumliche Nähe der Akteure entscheidend.

Die Technologieentwicklung zu Beginn des 21. Jh. ist gekennzeichnet durch weiterhin steigende Innovationskosten, wachsende Bedeutung der Interdisziplinarität, sowie einer engeren Vernetzung von Forschung und Bedarf. Insbesondere in den überlappenden Technikgebieten der Zukunftstechnologien (Informationstechnologie, Biotechnologie) wird eine dynamische Entwicklung in der transdisziplinären Forschungstätigkeit erwartet. Gibbons spricht von einem Übergang zu einem neuen Modus der Wissensproduktion: "The new mode of knowledge production involves different mechanisms of generating knowledge and of communicating them, more actors who come from different disciplines and backgrounds, but above all different sites which knowledge is being produced." (Gibbons 1994:17). Die Produktion von Wissen verläuft nicht mehr linear, disziplinär gebunden innerhalb eines Forschungsinstitutes oder eines Unternehmens, sondern ist flexibel, problemorientiert und durch die Vernetzung der Akteure in einem Innovationssystem übergreifend und reaktionsfreudig. Genau wie Boden, Kapital und Arbeit differiert dieser Input in seiner regionalen Verfügbarkeit. Somit sind die Innovationsfähigkeiten und die Wachstumsdynamiken regional unterschiedlich ausgeprägt (Backhaus 1999:7).

## 2. Innovationsmodelle

Der Begriff Innovation[1] leitet sich von dem lateinischen Begriff Innovatio her. Mit einer Innovation ist in erster Linie die Einführung neuartiger Elemente wie Produkte, Betriebsformen, Bauformen, Verfahren, Ressourcen, Organisations- und Absatzmethoden in ein bestehendes Wirtschaftssystem gemeint (Ritter 1993:137). Bei Innovationen muss zwischen zwei wesentlichen Typen, den radikalen und inkrementalen Innovationen, unterschieden werden.

Inkrementale Innovationen sind hochwertige Produktverbesserungsstrategien im Kontext langfristig bestehender Beziehungen zwischen Unternehmer und dem am Innovationsprozess beteiligten Akteuren. Durch Interaktionen zwischen Unternehmen, Zulieferern und Kunden werden bestehende Produkte oder Dienstleistungen langfristig verbessert (learning by doing, learning by using). Bei radikalen Innovationen handelt es sich um Quantensprünge in der Entwicklung neuer Produkte, Herstellungsmethoden oder Organisationsformen, die vollständig neuer Märkte und Kundenkreise erschließen.[2]

In neoklassischen Modellen der Wirtschaftwissenschaften entstehen Innovationen zufällig und besitzen den Charakter einer exogenen Variablen. Erst Schumpeter erkennt die Bedeutung von Innovationen für die wirtschaftliche Entwicklung. In seiner Arbeit "Theorie der wirtschaftlichen Entwicklung" (1912) stellt er den Unternehmer, der den wirtschaftlichen Produktionsmittelvorrat neu kombiniert als Hauptakteur in den Mittelpunkt des Innovationsgeschehens. Er personifiziert damit das Innovationsgeschehen. Unternehmer setzen neue Produkte auf dem Markt erfolgreich um und treiben durch die „schöpferische Zerstörung" älterer Güter den dynamischen Entwicklungsprozess einer Wirtschaft voran. In der Theorie entstehen Innovationen weiterhin spontan bis Schumpeter 1942 die Rolle von Forschungs- und Entwicklungsabteilungen (FuE) in Großunternehmen, als kollektive, gerichtete Forschung, in seiner Theorie implementiert.

---

[1] Innovatio lat. die Erneuerung.
[2] Als Beispiel für inkrementale Innovation steht die kontinuierliche Verbesserung des Autos beispielsweise durch eine Servolenkung. Als radikale Innovation ist in den letzten Jahrzehnten vor allem die Erfindung des Computers hervorzuheben.

## 2.1. Das Lineare Innovationsmodell

Schumpeters Ansätze zu einer Theorie der Innovation werden in dem linearen Innovations-modell aufgegriffen. Der Entwicklungsprozess des technischen Fortschritts durchläuft in die-sem Modell drei Phasen: (i) die Invention, (ii) die Innovation und (iii) die Diffusion. Unter einer Invention ist die Entdeckung neuer Problemlösungen, eine neuen Idee zu verstehen. Die Innovation bezeichnet die erstmalige Durchsetzung der Erfindung, die erstmalige Umsetzung der neuen Idee, und die Diffusion deren allgemeine Verbreitung (Schätzl 1996:110). Innova-tionen haben in diesem Modell ihren Ausgangspunkt in der Forschung oder in der Produkt-und Verfahrensentwicklung von großen Unternehmen und werden geradlinig und relativ kon-form im Innovationsprozess vorangetrieben.

**Abb. 1 Das lineare Innovationsmodell**

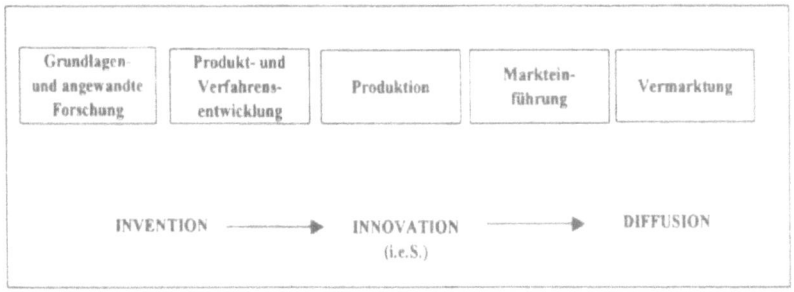

Quelle: (Backhaus 1999:8)

Als Beispiel für diesen Innovationstyp können Projekte der staatlichen FuE z.B. das Manhat-tenprojekt, die Entwicklung der amerikanischen Atombombe, angeführt werden.[3] Ausgangs-punkt der Entstehung von Innovationen ist die Grundlagenforschung. Die einzelnen Phasen des Innovationsprozesses sind im linearen Modell nicht vernetzt, es gibt keine Rückkopp-lungsmechanismen. Der Informationsfluss geht ausschließlich in einer Richtung. An dieser Stelle muss die Kritik an diesem Modell ansetzen, denn Innovationen müssen ihren Aus-gangspunkt nicht zwingend in Wissenschaft und Forschung haben, sondern sie können sich auch aus den Bedürfnissen der Kunden oder Lieferanten entwickeln. Die Modellhafte Vor-stellung, dass durch Investitionen (Inputlogik) automatisch Innovationen entstehen muss mo-difiziert werden.

---

[3] Dieses Beispiel beweist auf der anderen Seite nicht, dass es durch erhöhte Forschungsausgaben automatisch zu einem höheren Innovationsoutput kommt, wie es in diesem Modell postuliert wird.

### 2.2. Das interaktive Innovationsmodell

Das interaktive Innovationsmodell stellt eine Weiterentwicklung der Ansätze Schumpeters da und beschreibt die Prozesse der Umsetzung einer Innovation realer. [4] Dieses Modell geht davon aus, dass die Elemente Forschung und Wissen im Gegensatz zum linearen Modell nicht in der Anfangsphase des Prozesses positioniert sind, sondern unterstützend den gesamten Prozess begleiten. Alle Glieder des Innovationsprozesses sind interaktiv über Rückkopplungsmechanismen vernetzt und gewährleisten damit einen Informationsfluss und Lernprozesse im System.

***Abb.2 Das interaktive Innovationsmodell***

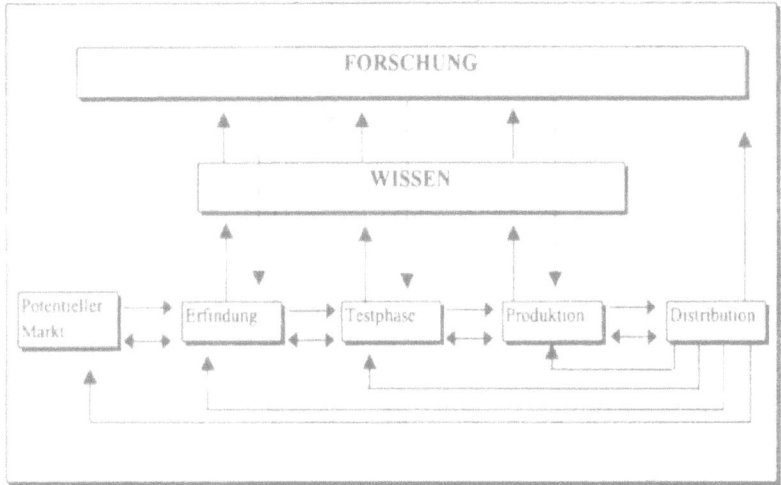

(Quelle Backhaus 1999:9)

Über die Verknüpfungen im Modell steigt die Diversität der Informationen, Erfahrungen und Fertigkeiten und damit die Wahrscheinlichkeit, dass Entwicklungspotentiale genutzt werden und Innovationen sich erfolgreich auf dem Markt durchsetzen. Die Innovationsaktivitäten

---

[4] Eine andere Möglichkeit um technischen Fortschritt, anders als die Schlussfolgerung von Profitstreben, zu verstehen, ist der Zugang mittels eines evolutionären Prozesses: Zunächst gibt es Mechanismen, die Diversität erzeugen; in der Biologie sind dies Mutationen hier Innovationen. Marktmechanismen selektieren Innovationen innerhalb des Systems; dieser Prozess verringert die Diversität. Manche Innovationen werden wichtiger, andere werden bedeutungslos. Diese neu entwickelten Technologien, genauer verwirklichte Innovationen, sind relativ den Alten überlegen, aber nicht optimal im absoluten Sinn. "Technological Change is an openended and path-dependent process where no optimal solution to a technical problem can be identified." "Further more there might be an intimate relation between learning theories and evolutionary theories in the sense that learning is one mechanism through which diversity is created "(Edquist 1997:6/7).
Sei es durch Lernen aufgrund der Informationen, die bei der Selektion von Innovationen entstehen oder einfach durch interaktives Lernen "learning by doing" oder "learning by using."

sind in diesem Modell nicht auf die internen FuE Abteilungen großer Unternehmen beschränkt, sondern sie finden unter Einbeziehung verschiedenster Akteure und/ oder Kombination verschiedener Technologiebereiche räumlich verbreitet in Unternehmensnetzwerken statt.[5]

Im interaktivem System sind Innovation und Produktion im regen Informationsaustausch und nicht, wie es das lineare Innovationsmodell vorgibt, voneinander getrennte Bereiche.

Die folgende Tabelle fasst noch einmal beispielhaft die Unterschiede zwischen dem linearen und dem interaktiven Innovationsmodell zusammen:

*Abb.3: Lineares und interaktives Innovationsmodell im Vergleich*

| | Lineares Innovationsmodell | Interaktives Innovationsmodell |
|---|---|---|
| Entscheidende Akteure | Großunternehmen und FuE-intensive Industriezweige | Sowohl kleine als auch große Unternehmen, FuE-intensive Industriezweige, Kunden, Zulieferer, Forschungseinrichtungen, sonstige Institutionen |
| Wichtige Inputfaktoren des Innovationsprozesses | Interne FuE-Aktivitäten | Interne FuE-Aktivitäten, Marktinformationen, informelles anwendungsbezogenes Wissen |
| Räumliche Konsequenzen | Polarisierung von Innovationsaktivitäten in Agglomerationszentren | Innovationsaktivitäten finden räumlich verbreitet statt, sind aber insbesondere bei Auftreten innovationsfördernder Milieueigenschaften zu finden |
| Produktionssystem | Fordistische Produktion Massenproduktion von homogenen Produkten economies of scale Trennung von Innovation und Produktion | Flexible Produktion · Wissensbasierte Produktion · economies of scope, flexible Automatisierung · Synthese von Innovation und Produktion |
| Implikationen für die Regionalpolitik | Förderung von FuE in peripheren Regionen | Entwicklung innovationsfördernder Umfeldbedingungen in der Region und Einbindung/Vernetzung der Unternehmen in ein breiter angelegtes Innovationssystem |

Quelle: In Anlehnung an Asheim/Isaksen 1997, S. 303 (eigene Zusammenstellung)

(Quelle Arndt 2001:34)

---

[5] Vernetzungen von Unternehmen lassen sich zum einen dadurch erklären, dass sich über die Vernetzung endogene Entwicklungspotentiale besser fördern lassen, zum anderen mussten sich Unternehmen in den vergangenen Jahrzehnten auf die Kundenwünsche einer postfordistischen Gesellschaft und auf die steigenden globalen Konkurrenzdruck einstellen. Das Produktionssystem wurde in einigen Industriebereichen von der fordistischen Massenproduktion, den "economies of scale" auf eine flexible, wissensbasierte Kleinserienproduktion, den "economies of scope" umgestellt. Die Entwicklung führte dazu, dass Kontakte zu Zulieferern und Kunden immens wichtig wurden und aufgrund des zunehmenden Kostendrucks flexible Produktionssysteme entstanden sind.

Die Abbildung zeigt, dass sich die Theorie der Innovation einem vernetzten Modell nähert. Die Bedeutung des Raumes – die räumliche Vernetzung der Innovationsaktivitäten – bekommt einen höheren Stellenwert. Schritt für Schritt wird der Schumpeterische individuelle Unternehmer durch ein Netzwerk von wirtschaftlichen und außerwirtschaftlichen Akteuren bis hin zu einer Konzeptualisierung eines Nationalen Innovationssystems ersetzt (Blättel-Mink 1997:24). In diesem Konzept werden neben technologischen-ökonomischen Komponenten auch sozioökonomische Einflussfaktoren als relevant angesehen. Die Produktion von Erneuerungen wird zur regionalen bzw. nationalen Aufgabe. Das Konzept „Innovationssystem" lässt sich je nach Aggregationsgrad auf einer regionalen, nationalen bis hin zu einer globalen Ebene nachvollziehen (Backhaus 2000:11).

# 3. Das Konzept des Nationalen Innovationssystems

### 3.1. Diskussion der wissenschaftlichen Ansätze

In Folge der Erweiterung der Innovationstheorien und der Verknüpfung des Innovations- bzw. Diffusionsprozesses mit dem Produktionssystem sowie den sozialen und ökonomischen Institutionen eines Landes, entstand eine Vielzahl neuer Erklärungsansätze. Mit den neuen Theorien wurde untersucht, warum Nationen in der Technologieentwicklung so unterschiedlich erfolgreich sind und welchen Einfluss die nationalen Bildungs-, Finanz- und Wissenschaftssysteme auf die nationale Technologieentwicklung ausüben. Gemeinsames Merkmal dieser „Systems of Innovation-Ansätze" ist der Systemansatz. Untersucht wird die Gesamtheit von Elementen, die aufeinander bezogen sind und in einer bestimmten Weise wechselwirken.[6]

Vor diesem Hintergrund entstand der Begriff des Nationalen Innovationssystems (NIS). Das Konzept wurden Ende der 80er Jahre entwickelt und vor allem von Christopher Freeman und Bengt-Aake Lundvall vorangetrieben. Aus den Arbeiten entstanden zwei wesentliche Veröffentlichungen. Zum einen "National systems of innovation: towards a theory of innovation and interactive learning" von Lundvall (1992) und zum anderen das Buch von Nelson „National Systems of Innovation. A comparative analysis" (1993). Nach Lundvall (1992:12) schließt ein nationales Innovationssystem alle Aspekte der Wirtschaftstruktur und des Institutionengefüges ein, die das Lernen und Forschen und Entwickeln in einem Land beeinflussen. Hierzu zählen das Produktionssystem, das Vertriebssystem, das Finanzsystem sowie das Bildungs- und Forschungssystem. Der Begriff selbst und die räumliche Abgrenzung eines nationalen

Innovationssystems sind nicht einheitlich definiert. Innerhalb des Konzeptes gibt es unterschiedliche Erklärungs- und Forschungsansätze.

Freeman untersuchte in seinen Arbeiten (Freeman 1995)Veränderungen im NIS anhand der Theorie der Langen Wellen. Der analytische Startpunkt ist das Auftreten von radikalen Innovationen, die zum einem das technisch-ökonomische System verändern, zum anderen zu einem sozio-institutionellen Paradigmenwechsel, d.h. zu einer sozialen Innovation führen. Das Auftreten von radikalen Innovationen verändert soziale Verhaltensweisen, die Art der Produktionsorganisation sowie die institutionellen Strukturen in einem Land. Freeman differenziert Länder nach ihrer Fähigkeit wie schnell und wie gut sie die neuen sozialen bzw. institutionellen Paradigmen beim Auftreten einer neuen Welle (Basisinnovation wie z.b. der Mikroelektronik) adaptieren. „National systems are flexible enough to adjust their socio-institutional paradigms in downswings to the new requirements are seen to be leaders in the new upswings" (McKelvey 1991:126). Nach Freeman ist das NIS ein Netzwerk aus Institutionen der öffentlichen und privaten Sektoren, die durch ihre Aktivität neue Technologien initiieren, importieren und modifizieren.

Lundvall hingegen betont in seinen Arbeiten (Lundvall 1992) zu NIS die Bedeutung von Institutionen und wirtschaftlichen Struktur bei der Generierung von Innovationen. Institutionen regulieren durch formelle bzw. informelle Regeln den Innovationsprozess. Jedes Land hat sein eigenes, nationales Muster von Institutionen und Verhaltensweisen. Darunter fallen die Regulierung des Arbeitsmarktes und des Finanzsystems sowie die spezifische Ausprägung des Bildungs- und Forschungssystems, aber auch die gesellschaftliche Einstellung zu Zukunftstechnologien. Nach Lundvall beruht die Durchsetzung von neuen Technologien auf einen evolutionären Prozess. Die Entwicklung von Institutionen und Technologien ist von vorhandenen Entwicklungspfaden abhängig. Im Gegensatz zur Neoklassischen Theorie, bei der Ziele und Präferenzen von Firmen und Kunden als gegeben (fixed) angesehen werden, sind Kontakte zwischen Firmen (User/producer linkages) für zukünftige Entscheidungsprozesse bestimmend. Für das Innovationsgeschehen entscheidend werden damit die Lernprozesse seiner Akteure, die wiederum national und regional in einem sozialen Kontext eingebettet sind.

Für Porter ist es im Gegensatz zu Freeman und Lundvall nicht möglich nationale Unterschiede generell auf einer Systemebene zu untersuchen, sondern nur über den Vergleich spezifi-

---

[6] Ein System ist allgemein der Zusammenhang von Dingen, Vorgängen und/oder Teilen, die eine funktionale Einheit darstellen, die – gewissen Regeln folgend – ein geordnetes Ganzes bilden. (Diercke 1998:858)

scher, erfolgreicher Industrien in einem Land. Porter macht in seinem Standardwerk „The competitive Advantage of Nations" (1990) spezialisierte Clusters innerhalb einer Nation als Grundbausteine internationaler Wettbewerbsfähigkeit aus. Diese führenden Industriezweige sind durch vertikale Beziehungen zu Zulieferbetrieben und Kunden sowie über horizontale Verflechtungen mit anderen Unternehmen, dem Finanz- und Bildungssystem in das Wirtschafts- und Gesellschafssystem des jeweilige Land eingebettet. Porter stellt beispielsweise in Deutschland zwei für die wirtschaftliche Entwicklung entscheidende Cluster fest. Zum einem weist er ein sektoral-technisches Cluster, dass sich um den Maschinen- und Fahrzeugbau gruppiert, aus. Zum anderen benennt Porter ein ähnlich verflochtenes Cluster um die Chemie und Pharmazeutik.

### 3.2. Grundlegende Annahmen des Konzeptes

Freeman, Lundvall und Porter gehen von einem autonomen NIS aus und versuchen nicht auf der Individual- bzw. Unternehmensebene, sondern auf der nationalen Ebene die Produktion von Innovationen zu erklären. „To varying degrees, they each suggest that the national system may represent a level of analysis that is not entirely reducible to its individual components" (McKelvey 1991:121). Obwohl sich ihr Verständnis von technologischem Wandel unterscheidet, unterstreichen die drei Theorien die dynamische Rolle von Innovationen im Wirtschaftsprozess. Die für das Konzept wichtige Frage, ob Innovationen das Resultat von individueller Spontaneität oder eher das Ergebnis struktureller Faktoren sind, wird nicht explizit beantwortet.[7]

Innerhalb des Konzeptes betrachtet man die Nation als eine sozioökonomisch und soziokulturelle Einheit, die einem wirtschaftlichen Wandel unterworfen ist. Der Innovationsbegriff im NIS geht über das traditionelle Verständnis hinaus und schließt neben technischer auch soziale bzw. organisatorische Innovation ein. In seiner fortschreitenden Komplexität ist der Innovationsprozess nicht mehr allein auf Unternehmen und Cluster beschränkt, sondern ist in ein Set von Institutionen, die direkt oder indirekt Einfluss nehmen, eingebettet.

---

[7] Hier wird dennoch eine der Kernfragen der Gesellschaftswissenschaften angeschnitten. Anthony Giddens vereint mit seiner Idee einer „structuration theory" die Akteurperspektive mit der strukturellen Perspektive. Er argumentiert, dass die Struktur (Gesellschaftlichen Rahmenbedingungen) beides ist: zum einen das Medium für, und zum anderen das Ergebnis sozialer Aktionen. Mit anderen Worten: jede Aktion findet in einer schon strukturierten Umwelt statt, während zur selben Zeit soziale Aktionen einen Einfluss auf diese Strukturen haben; entweder sie reproduzieren oder sie ändern diese (Brant 1989:13).

Institutionen liefern hierbei Rahmenbedingungen für den Gesamtprozess, die nicht austausch-
bar sind und einen komplementären Charakter haben.[8] Das Konzept dient nicht dazu das beste
oder effektivste Innovationssystem zu identifizieren. Die verschiedenen Systeme haben ihre
komparativen Vorteile, bestimmte Innovationstypen eher zu unterstützen oder zu hemmen
(Becker1997:254).

### 3.3. Akteure eines Nationalen Innovationssystems

Innovationen entstehen im Zusammenspiel von wirtschaftlichen, staatlichen und gesellschaftlichen Akteuren. Zwischen den einzelnen Gruppen werden Wissen und Kompetenzen ausge-
tauscht. Ein Innovationssystem besteht aus einem Netzwerk von Akteuren aus dem öffentlich-
rechtlichen und privaten Sektor. Aufgrund der Komplexität der heutigen Innovationsentwick-
lung arbeiten in diesen Netzwerken Universitäten und Forschungseinrichtungen, Banken und
staatliche Organe sowie private Unternehmen und unternehmensnahe Dienstleistungen zusammen.

Zu den öffentlich-rechtlichen Akteuren gehören neben den Universitäten und den (quasi-)
öffentlichen Forschungseinrichtungen (z.B. Max Planck Institute) auch Technologietransfer-
Institutionen (z.B. Institute der Fraunhofer Gesellschaft). Die öffentlichen Forschungseinrichtungen stellen Innovationssystemen neues Wissen und neue Technologien aus der Grundlagenforschung zur Verfügung. Gleichzeitig bilden Universitäten das notwendige Fachpersonal
aus. Die Transferstellen beschleunigen den Diffusionsprozess von neuem Wissen und neuen
Technologien. Als Sensoren nehmen sie neue Entwicklungen wahr und gegeben sie an Unternehmen weiter und stellen einen effizienteren Wissenstransfer zwischen Wirtschaft und Wissenschaft her.

Eine Schlüsselstellung in diesem System nimmt der Staat bzw. die Regierung ein. Er ist in
den modernen Industrienationen nicht darauf beschränkt die wirtschaftlichen Rahmenbedingungen festzulegen, sondern greift durch seine Bildungs-, Technologie- und Innovationspoli-
tik direkt in den gesamtwirtschaftlichen Innovationsprozess ein. Richard Nelson stellt in seinem Buch „National Innovation Systems" (1993) fest, dass in vielen Staaten militärstrategi-
sche Ziele für die Ausprägung eines NIS wichtig waren. So schreibt er (1993:508): „the study

---

[8] Der Staat kann durch einseitige Investitionen in FuE den Output an Innovationen in einem gewissen Rahmen
steigern. Irgendwann muss beispielsweise das Finanzsystem sich auf den erhöhten Kapitalbedarf der Firmen
bzw. auch das Bildungssystem sich auf die neuen Anforderungen des Arbeitsmarkts einstellen, damit weiterhin
die Möglichkeit besteht, die Leistung des gesamten Systems zu steigern. Man kann das System vielleicht mit
einem Verbrennungsmotor vergleichen: Mehr Kraftstoff bedeutet nicht automatisch mehr Leistung, falls auf der
anderen Seite nicht das Leistungspotential des Motors gesteigert wird.

of Japan shows clearly that the present industrial structure was largely put in place during an era when national security concerns were strong. This structure, now oriented to civilian products, is one of the reasons for Japan's high R&D intensity."

Auch Unternehmensgruppen oder Arbeitgeberverbände gehören zum institutionellen Rahmen einer NIS. Sie unterstützen die wirtschaftliche Koordination, d. h. sie erhöhen zwischenbetriebliche Kooperation mit dem Ziel der einfacheren Produktion sowie der Diffusion von Wissen. Besonders durch die Koordinierung von Normen und Standards nehmen Verbänd eine wichtige Funktion bei der Optimierung der Produktionsprozesse wahr. „Die Veralltäglichung von Innovation bzw. die Wahrscheinlichkeit, dass der Produktionsprozess Innovationen hervorbringt (inkremental) steigt mit zunehmender Koordination" (Blättel-Mink 1995:109). Weitere Schlüsselfunktionen nehmen Gewerkschaften ein. Sie wirken in entscheidender Weise auf die Stabilität von Arbeitsplätzen, auf die Lohnpolitik und Anreizstrukturen in einem Betrieb ein.[9]

Finanzinstitute üben einen großen Einfluss auf einzelne Unternehmen und das gesamte NIS aus. Sie finanzieren Innovationen und entscheiden über die Kreditvergabe bzw. der Bewertung der Rentabilität von Innovationen. Gerade in der Verfügbarkeit von Risikokapital gibt es zwischen verschiedenen Ländern große Unterschiede.

Zu guter Letzt gehört zu einem NIS der Pool privater Unternehmen, die im Rahmen der jeweils vorherrschenden institutionellen Bedingungen Innovationen hervorbringen und/oder nutzen. Fritsch (2000:105) hält fest: "…so sind es vor allem Industrieunternehmer, die Innovationen in handelbare Güter inkorporieren und versuchen, mit diesen Gütern Marktanteile zu gewinnen. Sie stellen gewissermaßen die Endfertiger eines Innovationssystems dar".

---

[9] Stabile Arbeitsverhältnisse beispielsweise sind grundlegend für Produktion inkrementaler Innovationen.

*Abb. 4 Interaktionen im Nationalen Innovationssystem*

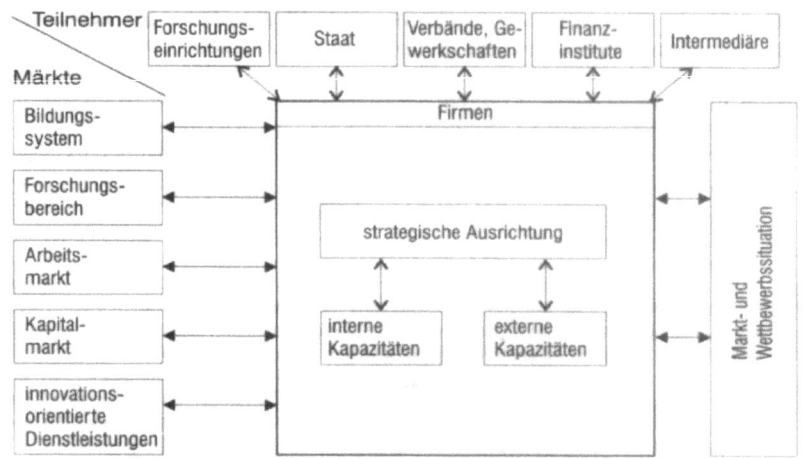

(Quelle Becker 1997:255)

Die genannten Akteure treten teilweise auf verschiedenen Inputmärkten auf. In den Zuständigkeitsbereich von Universitäten fällt zum einem die Forschung, zum anderen aber auch die Ausbildung von Führungskräften. Universitäten bestimmen damit auf quantitativer Ebene das Angebot auf dem Arbeitsmarkt. Zu den innovationsorientierten Dienstleistungen gehört neben Unternehmensberatung, Wirtschaftsförderung, Labor- und Messdienste auch die Finanzierung von Ideen. Unternehmen dieses Sektors übernehmen schwerpunktmäßig eine unterstützende Funktion für Innovationsaktivitäten.

Das Zusammenspiel dieser Akteure, die Art und Weise ihrer Vernetzung, ist eine wesentliche Determinante für die Funktionsweise des Gesamtsystems. Auch wenn sämtliche Elemente der wirtschaftlichen und sozialen Institutionen mit dem Ziel der Generierung von Innovation kooperieren, müssen die einzelnen Interessen der Akteure weiterhin beachtet werden.

### 3.4. Faktoren für die Ausgestaltung eines Nationalen Innovationssystems

Obwohl wirtschaftwissenschaftliche Konvergenztheorien davon ausgehen, dass durch die Globalisierung länderspezifische Unterschiede auf den Produktmärkten ausgeglichen werden, unterscheiden sich Volkswirtschaften in ihren Innovationsstrategien und in ihrer wirtschaftlichen Entwicklung. David Soskice (1994:272) stellt die entscheidenden Fragen: "Why are Americans (and to a much less extent the British) so good at radical innovation, but so bad at translating it into manufacturing capabilities, and generally weak in innovative manufacturing? Why are german companies weak at radical innovation, but strong on incremental innovation especially in high quality, but typically not emergent high technology product markets?" Dieses Beispiel verdeutlicht, dass eine rein auf der neoklassischen Theorie beruhende Erklärung der wirtschaftlichen Entwicklung nicht ausreicht. Länderspezifische Wirtschafts- und Gesellschaftsstrukturen üben einen großen Einfluss auf den Erfolg von Unternehmen aus.

Nach Birgit Blättel-Mink (1995) ist die Ausprägung eines nationalen Innovationssystems von der Ressourcenausstattung eines Landes, von der Pfadabhängigkeit, der Ordnungsstruktur sowie dem Modell der wirtschaftlichen Koordination abhängig.

Ressourcen sind auf der Erde ungleich verteilt. Deutschland, Japan und Südkorea sind Beispiel für Länder, die aufgrund ihrer naturräumlichen Voraussetzungen in Humanressourcen investieren müssen und ihr NIS in dieser Hinsicht optimiert haben. Bei „Rohstofferzeugern" wie Kanada, Dänemark oder Australien ist der „Bias" in Humankapital zu investieren nicht so sehr ausgeprägt. In diesen Ländern hat sich ein Innovationssystem herausgebildet. welches besonders der Stärkung der Sektoren in der Primärproduktion dient. Je höher die nationale Ausstattung mit natürlichen Ressourcen ist, desto eher wird eine Volkswirtschaft externes Wissen (blueprints) und externe Produkte importieren. „Countries that lack them must import resources and farm products, which forces their economies toward export-oriented manufacturing, and an innovation system that support this" (Nelson 1993:507).

Neben der Ressourcenausstattung ist die Entwicklung des Produktionssystems und der Institutionen bedeutsam für die wirtschaftliche Entwicklung eines Landes. Insbesondere die Evolutionsökonomie hat die Bedeutung von Pfadabhängigkeiten, von „sunk costs" und „lock-in-effekten" herausgestellt (siehe Arthur 1994). Aufgrund der Historie eines Landes hat das Produktionssystem, aber auch das Nationale Innovationssystem als Ganzes einen bestimmten Entwicklungspfad eingeschlagen. Die Routinen im Produktions- sowie Innovationsprozess haben sich auf diesen Pfad hin optimiert. Ein Systemwechsel ist mit sehr hohen Anpassungskosten verbunden und ist gegebenenfalls nicht möglich (lock-in-effekt). Pfadabhängigkeiten können auch bei den institutionellen Strukturen beobachtet werden. Das Bildungssystem oder die staatlichen Forschungseinrichtungen, wurden in vielen europäischen Staaten schon im 19.Jh. aufgebaut bzw. in die Wirtschaftsprozesse implementiert und sind in ihren Grundfunktionen noch heute so wirksam.[10]

---

[10] Die strukturellen Pfade, die während dieser Zeit gelegt wurden, führen zum einen zu den komplementären Vorteilen, zum anderen schränken sie zukünftige Flexibilität eines NIS ein.

Die Vernetzung der Akteure, die Ordnungsstruktur eines Landes sind prägend für die Richtung eines NIS. Je korporatistischer eine Gesellschaft ist, umso größer ist die Vernetzung innerhalb und außerhalb der Wirtschaft, desto stärker sind das System der industriellen Bindungen und die Häufigkeit der Kontakte der beteiligten Akteure. Korporatistische Gesellschaften schaffen die Rahmenbedingungen für inkrementale Innovationen. Liberale Volkswirtschaften unterstützen auf der anderen Seite Basisinnovationen oder radikale Innovationen, für die eine stetige Kontakthäufigkeit beim Innovationsprozess nicht zwingend notwendig ist.

Blättel-Mink ordnet die länderspezifischen Innovationssysteme in zwei Modelle ein, die sich „...auf einem Kontinuum Korporatismus - Liberalismus verorten lassen" (Blättel-Mink 1995:110). Prägend ist auf der einen Seite das deutsche Modell, mit einer geringen Ressourcenausstattung, hoher institutioneller Kontinuität, hoher Koordination innerhalb der Industrie sowie einem zentralistischen Ordnungsmodell, in dem der Staat eine zentrale Rolle spielt. Den Platz auf der gegenüberliegenden Seite nimmt das NIS der USA ein. Das NIS der USA ist durch ein enormes Vorkommen an natürlichen Rohstoffen gekennzeichnet (geringer Innovationsdruck), das Bildungs- und Forschungssystem weist instutionelle Kontinuitäten auf, die Ordnungsstrukturen zeigen liberale Traditionen und die wirtschaftliche Koordination ist weniger institutionalisiert. Soskice (1994:273) geht an diesem Punkt sogar so weit, dass er Länder nach "...two main families of advanced capitalism..." mit ähnlichen NIS einordnet. Da sind zum einen die liberalen Marktwirtschaften („Anglo-Saxon economies") zu denen er die USA, UK, Irland, Australien und Neuseeland zählt, die durch ihre deregulierten Strukturen eher ein radikales Innovationsmuster unterstützen. Auf der anderen Seite versteht er die Niederlande, Deutschland, die Schweiz, Skandinavien und Japan, deren Gesellschafts- und Wirtschaftsstrukturen mehr oder weniger den inkrementalen Innovationstyp unterstützen, als koordinierte Marktwirtschaften.

### 3.5. Das Nationale Innovationssystem in Deutschland

Das Deutsche Innovationssystem ist auf die schon erwähnten Kernindustrien, dem sektoral-technischen sowie dem Cluster um die Chemie und Pharmazeutik ausgerichtet. Von den 25 größten Unternehmen in diesen Bereichen wurden 19 schon vor 1913 gegründet. Die Unternehmen sind heute in den Branchen Automobilbau, Elektroindustrie, Maschinenbau sowie der chemischen Industrie tätig und spiegeln die traditionelle Branchenstruktur wieder (Keck 1993:137). Die Exportausrichtung wird von dem hoch differenzierten verarbeitenden Gewerbe getragen. So sind viele Branchen, die schon 1913 Nettoexporteure waren auch noch heute wesentlich am deutschen Exportüberschuss beteiligt (Keck 1993:134/135).

Aufgrund wirtschaftlicher Konflikte und deren erfolgreicher Lösung entstand nach und nach ein institutionalisiertes System von Akteuren. Hervorzuheben ist die Rolle der Verbände und Gewerkschaften, einer branchenspezifischen Organisation von Arbeitgebern und von Arbeitnehmern. Deutschland gehört nach Soskice (1994) zu dem Typus einer koordinierten Marktwirtschaft. Verbände und Gewerkschaften verfügen über eine außerordentliche Stellung im Koordinationsprozess. Unter liberalen Gesichtspunkten gesehen schränken diese institutionellen Rahmenbedingungen die Unternehmen ein – bieten dafür auf jedoch auch kollektive Vorteile. Auf der Grundlage starker Wirtschaftsverbände existieren gut ausgebaute Regelungsstrukturen: Auf der einen Seite zur Lösung von Konflikten (Regulierung innerhalb einer Branche), auf der anderen Seite zur Festlegung allgemeiner Standards (DIN) (Soskice 1997:340). Das deutsche System der Arbeitsbeziehungen (Betriebsräte und gesetzlicher Kündigungsschutz) erzeugt zudem hohe Arbeitsplatzsicherheit und fördert damit den Aufbau von unternehmens- und technologiespezifischen Fertigkeiten, die für inkrementale Innovationen benötigt werden.[11]

Einen weiteren Vorteil für inkrementale Innovationen bietet das deutsche Ausbildungssystem durch die praxisnahe Ausbildung von Facharbeitern, Technikern und Ingenieuren. Das Ausbildungssystem fördert den langfristigen Aufbau von Humankapital, dadurch, dass annähernd zwei Drittel aller Jugendlichen eine Ausbildung im dualen System (Kooperation von Bildungssystem und Unternehmen) absolvieren. Fachhochschulen sorgen im höheren Bildungsbereich für eine Verknüpfung von Wirtschaft und Wissenschaft, indem auch hier durch die Einflussnahme von Berufsverbänden und Gewerkschaften praxisrelevante Lehrpläne entstehen.

Der komparative Vorteil des deutschen Finanzsystems liegt nun darin, langfristiges Kapital zu festen Zinssätzen anzubieten „ ...companies tend to have long-term relations with banks which give them a long-term planning perspective" (Soskice 1994:274). Die Banken bevorzugen die Finanzierung von Vermögenswerten in etablierten Unternehmen mit hohen Anteilen an kapitalintensiven Investitionen und stabilen Produktmärkten (Keck 1993:137). Als Kreditsicherheit dienen Bürgschaften in Form fester Industrieanlagen. Auf diese Weise haben Betriebe, die in immaterielle Güter, wie Humankapital oder FuE-Potential investieren Probleme bei der Kreditvergabe. Das Angebot im Bereich Risikokapital ist im Vergleich zu ande-

---

[11] Solche Bindungen hindern auf der anderen Seite die Mobilität bei schnellen Restrukturierungen von Arbeitsteams und Gründung bzw. Auflösung von Unternehmen. Diese Arbeitsbeziehungen kennzeichnen Vorgänge, die mit radikalen Innovationen im Hightech-Bereich einhergehen und können aus diesem Grund als Hindernisse für die Produktion von radikalen Innovationen in Deutschland angesehen werden.

ren Staaten gering. Das deutsche Risikokapital beläuft sich auf weniger als vier Prozent des amerikanischen Wertes – lediglich 60 Prozent davon werden genutzt. (Blättel-Mink 1995:15). Die Förderung innovativer Technologien, besonders im Bereich von Schlüsseltechnologien, wird vernachlässigt. Die ZEIT dokumentiert: „Denn im Gegensatz zu den Vereinigten Staaten, wo Risikokapital auf der Suche nach Ideen ist, scheinen in Deutschland noch überwiegend die Ideen auf der Suche nach Kapital zu sein - oder keines von beiden findet statt" (Herbert A. Henzler 1994, in: Die Zeit, Nr. 48, 25.11.94).

Aufgrund der Exportorientierung und dem spezifischen Instutitionengefüge fördert das Deutsche Innovationssystem das Innovationsmuster von hochwertigen Produktverbesserungsstrategien. Inkrementale Innovationen entstehen im Kontext langfristig bestehender Beziehungen zwischen Unternehmen und dem am Innovationsprozess beteiligten Akteuren. Bei den Produktinnovationen handelt es sich um inkrementale Verbesserungen bestehender Produkte.

### 3.6. Das Nationale Innovationssystem in der USA

Zum wirtschaftlichen Kernland der USA gehört zum einen der „manufacturing belt", eine Industrieregion, die sich entlang der Großen Seen gruppiert und vor allem durch die Automobilindustrie bekannt wurde. Zum anderen der im Raum Boston anzusiedelnde „electronic highway", und schließlich als neuere Entwicklung der sogenannte „sun-belt" (Halbleiter-, Luft- und Raumfahrtindustrie). Die USA gehört nach Soskice (1994) zur Gruppe der Länder mit einer liberal organisierten Marktökonomie. Die Betriebe insbesondere im Exportsektor sind nicht wie in Deutschland in ein Institutionengefüge eingebunden.

Verbände und Gewerkschaften spielen eine eher untergeordnete Rolle im NIS, welches aufgrund seiner spezifischen Ausprägung die Zusammenarbeit zwischen einzelnen Unternehmen durch eine starke Wettbewerbspolitik beschränkt. Es fehlen damit Regelungsstrukturen (in Form von Wirtschaftsverbänden), die konsensuell Standards festlegen, den Wettbewerb innerhalb einer Branche regeln und zur Lösung von Auseinandersetzungen zwischen Unternehmen herangezogen werden können. Der Markt ist dereguliert; die Festlegung von Standards ergibt sich somit aus dem Wettbewerb (Soskice 1994:340). Dieses strukturelle Element führt dazu, dass die USA ein gleichmäßiges Spezialisierungsprofil aller Hochtechnologiegebiete aufweisen. Das Wettbewerbselement im NIS der USA verhindert eine Nischenstrategie, wie sie in Deutschland und traditionell in Japan entstanden ist (Blättel.Mink 1995:61).

Auch im Ausbildungsbereich findet man einen schwachen Koordinationsmechanismus vor "…the initial training system for lower level workers is ineffective and takes place outside the private business sector..." (Soskice 1994:273). Die Arbeitsmärkte sind weitgehend dereguliert, die Position der Arbeitnehmer ist als eher schwach zu beurteilen. Damit ist die schon erwähnte Flexibilität der Arbeitskräfte, die bei der Umsetzung von radikalen Innovationen gefragt ist, auf dem amerikanischen Arbeitsmarkt vorhanden.[12] Das amerikanische System der weiterführenden Schul- und Berufsausbildung ist weitestgehend dereguliert und zu einem Rahmengefüge zusammengeschrumpft, in dem Ausbildungsgänge und Forschungsmöglichkeiten entsprechend der Marktnachfrage bereitgestellt werden (Soskice 1997:338). Dieser Trend zur angewandten Forschung geht zu Lasten der universitären Grundlagenforschung. Auf der anderen Seite ist der Wettbewerb zwischen den Einrichtungen im Bildungswesen das forcierende Element in Richtung einer Angebotsdifferenzierung der Ausbildungsstätten. Damit werden alle Forschungsrichtungen, die für den Innovationsprozess gerade im Bezug auf die Entwicklung von Spitzentechnologien wichtig werden, genutzt und vor allem auch durch das Element des amerikanischen Forschungsförderungssystem unterstützt.

Im Gegensatz zu Deutschland, mit einem hohen Anteil von stabilen Beteiligungsverhältnissen, herrschen in den USA gestreute Beteiligungen an Unternehmen vor. Kapitalgesellschaften investieren zwecks kurzfristiger Renditen in junge, risikoreiche Unternehmen (sog. start-up firms). Es existiert damit ein flexibles, effektives Forschungsförderungssystem, mit einem Schwerpunkt im innovativen High Tech Bereich.[13] Diese Risikokapitalfinanzierung verhindert aufgrund kurzfristigen Ertragsdenkens langfristige Technologieentwicklung und ist damit für die Produktion inkrementeller Innovationen nicht geeignet. Des Weiteren zeigt der exzessive Abfluss von Wissen an ausländische Firmen (siehe Tabelle Patente und Lizenzen in der Zahlungsbilanz S.34), dass die Finanzierung von kleinen Firmen als technischer Vorreiter, ein schlechter Weg ist, radikale Innovationen innerhalb von Produktionsprozessen umzusetzen.

Als letzten wichtigen Akteur im amerikanischen NIS gilt es die Rolle der Regierung zu klären. Der Staat tritt als Nachfrager durch eine massive Beschaffungspolitik im militärischen Bereich und in der Raumfahrt auf (vgl. Beispiel Silicon Valley). Die staatlichen Ausgaben für FuE. bewegen sich auf sehr hohen Niveau (3% des BSP) und stimulieren damit die wirtschaftlichen Aktivitäten im Hochtechnologie-Bereich. Durch diese Forschungspolitik werden weitere Impulse für die Privatwirtschaft durch die Abspaltungen bzw. Firmenneugründung

---

[12] Hierin liegen vielleicht die Gründe für die Schwäche der amerikanischen Wirtschaft, radikale Innovationen im Produktionsprozess umzusetzen bzw. die Schwäche in Prozessinnovationen. Es fehlt an gut ausgebildeten, durch langjährige Arbeitsverhältnisse mit dem Produktionsprozess vertraute, erfahre Arbeitskräfte.

[13] Die Finanzierung von Unternehmensgründungen wurzelt nach Meinung der Autoren zum einem im Pioniergeist der Amerikaner, zum anderen ist sie auf die „Antitrust-Gesetzgebung" zurückzuführen.

aus laufenden Forschungsprojekten erwartet (Spin-offs). Aufgrund dieser Rahmenbedingungen ist das NIS der Vereinigten Staaten auf die Produktion von radikalen Innovationen ausgerichtet und nimmt an diesem Punkt einen Stellenwert ein, der weder von Deutschland noch von Japan erreicht wird. Zu den Schlüsselkomponenten des amerikanischen Systems gehören die Industrie, die Universitäten und die staatliche Forschungsförderung, eingeordnet in das System einer liberalen Marktwirtschaft.

### 3.7. Bewertung des Konzeptes

Das Konzept des NIS eignet sich dazu um länderspezifische Innovationsstrategien zu erklären und zu analysieren. Die Bewertung der Innovationssysteme, der direkte Vergleich, geht jedoch schon über die Leistungsfähigkeit des Konzeptes hinaus. Spielkamp (1997:8) hält fest: "…gegenüber dem Charme der theoretischen Überlegungen zum Nationalen Innovationssystem, verliert diese Konzeption als Handlungsrahmen für die empirische Forschung und praktisch technologische Entscheidungen an Glanz...". Die Schwäche des Konzeptes liegt darin, dass partielle Bereiche des Gesamtsystems nicht operationalisiert bzw. nicht in ihrer Funktion bewertet werden können. Es konnte bisher nicht empirisch überprüft werden, ob es eine Hierarchie der einzelnen Systemebenen gibt und wie die Elemente im System als Ganzes zusammenspielen. Man muss das Konzept des NIS daher als eine Vision eines informell funktionierenden Geflechts sehen und nicht mit der Vorstellung eines abgegrenzten Gebildes mit festen Spielregeln.

Die Idee des NIS ist zu umfassend und geht damit über den Rahmen einer Innovationstheorie hinaus. Spielkamp (1997:8) weist ihr deshalb den „…Charakter eines Ordnungsrahmens für die Einzelelemente einer Theorie der Innovationen..." zu. Zwar versucht man anhand von Input-Outputgrößen die Systeme miteinander zu vergleichen, die folgende Abbildung zeigt z.B. anhand der Outputgröße Patente, dass es große Unterschiede zwischen Japan, Deutschland und den USA in der absoluten Zahl von Patenanmeldungen gibt. Doch die Patentzahlen sagen nichts über die Qualität und die Art der Patente aus.[14]

---

[14] Außerdem gibt es Probleme unter anderem bei der Zuordnung von Patentanmeldungen von globalen Konzernen.

**Abb.5 Internationale Patenaktivitäten**

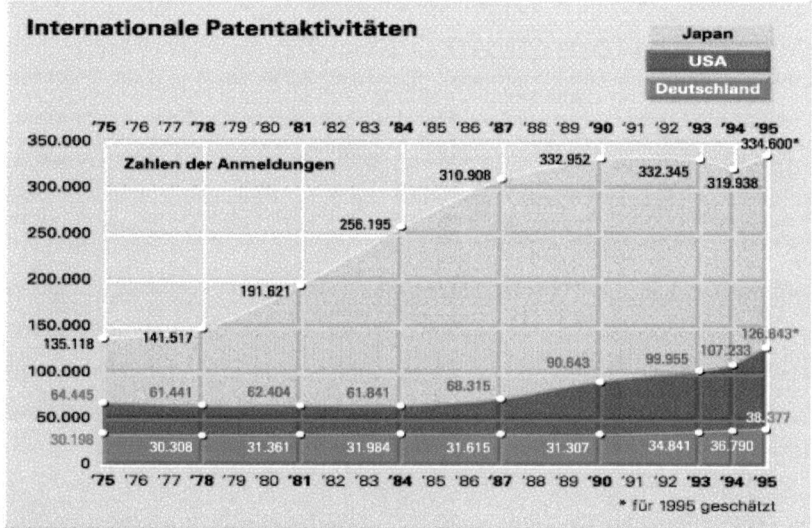

Quelle: Deutsches Patentamt; Grafik: GDE, Bonn

Viele Autoren gehen deshalb davon aus, dass jedes Innovationssystem durch eigene komplementäre Vorteile gekennzeichnet ist und damit ein Effizienzvergleich von Innovationssystemen nicht möglich ist.

Die Einschätzung eines NIS kann außerdem nicht unabhängig von der Größe einer Volkswirtschaft erfolgen. In kleinen Volkswirtschaften (Belgien, Niederlande, Dänemark) gewichten Unternehmen ausländische Informationsquellen, vor allem Joint Ventures und Zulieferkontakte, stärker als dies Betriebe in Deutschland oder England tun. (Spielkamp1997:12). Kleine Nationen sind weniger national und auf der Kontaktebene flexibler, international ausgerichtet. Beste Beispiele für die Persistenz NIS sind Untersuchungen der Innovationstätigkeit grenznaher Betriebe. In den Regionen Baden und Elsass zeigte Koschatzky (1998:286), dass sich in beiden Regionen klar abgrenzbare Innovationssysteme darstellen, für die das „Gegenüber" fast keine Rolle spielt (Rhein markante Kontaktsperre). So zeigt sich die Bedeutung von NIS besonders in Grenzregionen, da trotz Initiativen im Rahmen des europäischen Integrationsprozesses grenzüberschreitende Innovationskontakte eher die Ausnahme bilden und besonders die lokalen KMU aufgrund von bislang erworbenen Erfahrungen sich sicherer in den nationalen Systemen bewegen.

Insgesamt wird die neoklassische Theorie der Wirtschaftsentwicklung durch die Ansätze in der Evolutionsökonomik im Allgemeinen und den Ansatz der Innovationssysteme erweitert. Lundvall schreibt in der schumpeterrischen Tradition: "Almost all innovations reflect already existing knowledge, combined in new ways" (Lundvall 1992:8). Die Wirtschaftsentwicklung ist Pfadabhängig. Märkte sind unvollständig und Informationen im Gegensatz zu den Annahmen der neoklassischen Theorie asymmetrisch verteilt. "Innovation wird verstanden als ein fortlaufender Prozess des Lernens, Suchens und Forschens, der zu neuen Techniken, neuen Organisationsformen und neuen Märkten führen soll" (Blättel-Mink 1997:25).

Hierin liegt das Streben nach einer regionalen Theorie der Innovation begründet, die im Gegensatz zu den neoklassischen Lokalisationstheorien auf eine anderen Sichtweise der Bedeutung räumlicher Nähe beruht:"…spatial proximity matters not really in terms off a reduction in physical distance and in the related transport costs, but rather in terms of easy information interchange, similarity of cultural and psychological attitudes, frequency of interpersonal contacts and cooperation, and density of factors mobility within the limits of the local area" (Camagni 1991:2). In diesem Sinn muss das Verständnis von Innovationen in dem Fachgebiet der Wirtschaftsgeographie erweitert werden. Das Konzept eines Innovationssystems kann zum räumlichen Vergleich und zur Bewertung regionaler Innovationspotentiale herangezogen werden.

# 4. Das Konzept des Regionalen Innovationssystems

### 4.1. Der Ursprung des Konzeptes

Im Gegensatz zum NIS, welches auf einer Makroebene seinen Blick auf den Nationalstaat und die spezifischen Wechselwirkungen zwischen Innovationsstrukturen und den institutionellen Rahmenbedingungen eines Landes richtet, orientieren sich die Arbeiten über Regionale Innovationssystem (RIS) zu Beginn an Erkenntnissen, die ihren Ursprung in den Regionalwissenschaften hatten. Mittlerweile hat sich das Konzept durch die Verknüpfung von Forschung und Theorie beider Forschungsrichtungen weiterentwickelt. In der Forschungstradition des NIS, wurden der Systemansatz und das Verständnis über Innovation auf eine regionale Ebene übertragen. Des Weiteren wurden aber auch Ergebnisse der Regionalwissenschaften im Bezug auf die Verteilung von High-tech Industrien, Technologieparks und Innovationsnetzwerken in das Konzept integriert (Braczyk&Cooke&Heidenreich 1998:25). Die Globalisierung der Märkte führte zusätzlich zur Wiederentdeckung der Regionen mit ihrem wirtschaftlichen und technologischen Entwicklungspotential. Regionen spielen im aktuellen Strukturwandel, der Zunahme vernetzter Formen (network paradigm) der Produktion und Produktentwicklung eine bedeutende Rolle.[15] "

Regionen werden im Konzept regionaler Innovationssysteme als Raumeinheiten definiert, die unterhalb der Nationalebene (Makroebene) rangieren, aber so viel eigenverantwortliche Handlungsspielräume aufweisen, dass sie zur Politikimplementation in der Lage sind und durch öffentliche Mittel Rahmenbedingungen schaffen können, die zur Innovationsstimulierung beitragen sollen. (Koschatzky 2001:177). "To these may be added such criteria as non-specific size, except that of being subcentral in relation to its host state; identifiable homogeneity in terms of criteria such as geography, political allegiance and cultural or industrial mix; ability to be distinguished from other areas in terms of this criteria; and possession of some combination of internal cohesion characteristics." (Braczyk&Cooke&Heidenreich 1998:15).

Gerade durch die Arbeiten von Dosi (Dosi 1988) konnte die Bedeutung der räumlichen Nähe bei Innovationsprozessen herausgestellt werden. Nach Dosi sind Innovationen mit einer hohen Unsicherheit für das investierende Unternehmen, in der heutigen Zeit durch einen komplexen organisatorischen Prozess, durch einen hohen Aufwand in FuE, durch Lernprozesse sowie durch einen sich selbstverstärkenden kumulativen Prozess gekennzeichnet. Dieser Charakter von Innovationsprozessen führt dazu, dass sich Unternehmen in Netzwerken zusammenschließen, um die hohen Kosten und die Risiken über die zukünftigen Erlöse zu minimieren. Gleichzeitig führt die Komplexität der Organisationsprozesse dazu, dass Innovationen nicht mehr von einzelnen Innovatoren ausgehen, sondern in Netzwerken mit Forschungseinrichtungen und anderen Unternehmen entwickelt werden. Bei der Produktentwicklung spielt zudem die Nähe zu den Kunden und zu anderen Wettbewerben für das „lerning by doing" und das „lerning by using" eine wichtige Rolle auf dem Weg zur Marktreife einer Innovationen. All diese Prozesse verdeutlichen das räumliche Nähe bei der Entwicklung von Innovationen eine Rolle spielt. Unternehmen, die sich in der Nähe von Forschungseinrichtungen, Wettbewerbern und Kunden der Branche ansiedeln, verfügen über Standortvorteile im Entwicklungsprozess von Innovationen. Diese Vorteile verstärken sich durch die Pfadabhängigkeiten und versunkenen Kosten in der technologischen und organisatorischen Entwicklung.

---

[15] Für globale Konzerne bleibt die "Homebase" weiterhin der Ort, an dem neue (Innovations-) Kraft geschöpft werden kann. (Rückbettung) „ At the same time multinational enterprises now try to have multiple identities, which means trying to become local companies in many countries." (Business Week, 14 May 1990: 56)

## 4.2. Akteure in einem Regionalen Innovationssystem

Unternehmen und Institutionen innerhalb einer Region sind auf unterschiedliche Art und Weise vernetzt. Es gibt horizontale Netzwerke, strategische Allianzen, zwischen privaten Unternehmen und Forschungseinrichtungen mit dem Ziel der Wissensproduktion sowie vertikale Verflechtungen auf der Grundlage von Lieferanten-Produzentenbeziehungen. Die folgende Abbildung fasst die Verflechtungsbeziehungen von privaten Unternehmen, Forschungsinstituten und Unternehmensnahen Dienstleistern innerhalb eines RIS zusammen:

**Abb. 6 Verflechtungen im Regionalen Innovationssystem**

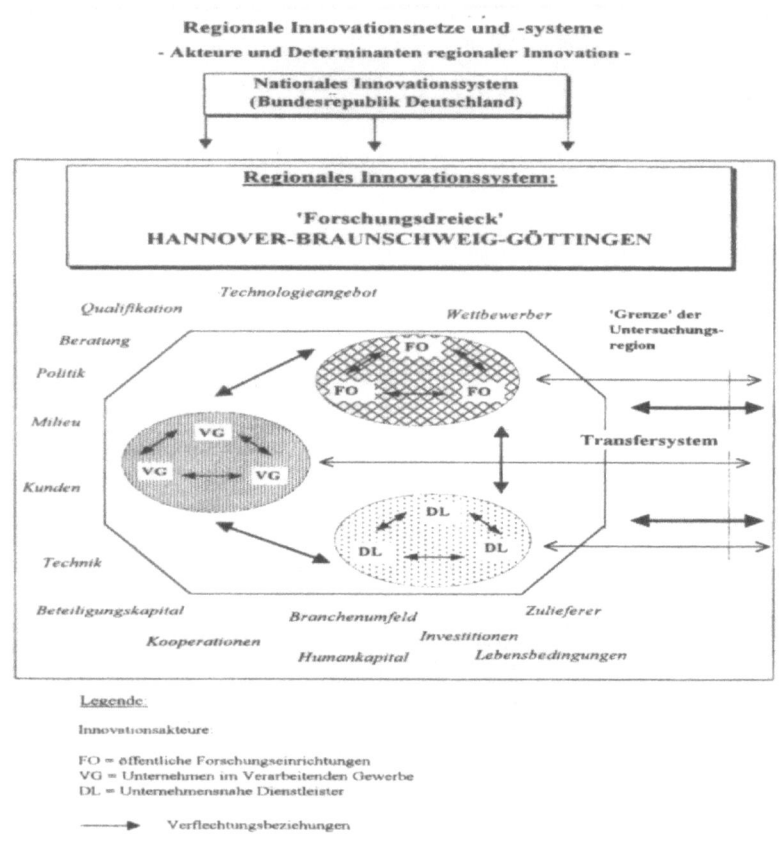

(Quelle Backhaus 2000:14)

Ein Regionales Innovationssystem lässt sich in den Rahmen eines Nationalen Innovationssystems einordnen und ist über interregionale bzw. globale Netzwerke dem überregionalen Wissensfluss angeschlossen. Wichtige Akteure in einem RIS sind die lokalen Forschungs- und Bildungseinrichtungen, die Unternehmen, die lokalen Regierungen und Verbände sowie die regionalen Kunden.

Wie die Untersuchung von Michael Fritsch (Fritsch/Schwirten 1998) zeigt, haben öffentliche Forschungseinrichtungen einen erheblichen Einfluss auf die Innovationsaktivitäten innerhalb einer Region. Sie spielen eine entscheidende Rolle durch die Gewinnung und Entwicklung neuer Ideen in der frühen Phase der unternehmerischen Innovationsprozesse. Gleichzeitig bilden Universitäten das notwendige Fachpersonal aus und stellen mit ihrer Grundlagenforschung Unternehmen kostgünstiges Wissen zur Verfügung. Außerdem übernehmen Forschungs- und Transfereinrichtungen im regionalen Innovationssystem eine Art „Antennen-Funktion" und tragen auf zwei Arten zum Wissenstransfer bei. Zum einen absorbieren sie regionsexternes Wissen und machen es durch regionale FuE. Kooperationen für die lokale Wirtschaft verfügbar. Zum anderen sind sie über die Kooperation mit einer Vielzahl von Unternehmen, die erste Anlaufstelle für den intra- bzw. auch interregionalen Wissenstransfer.[16]

Die Unternehmen in den RIS kooperieren mit den lokalen Forschungseinrichtungen und Universitäten, aber auch mit anderen Unternehmen. Gleichzeitig bestehen neben diesen horizontalen Verflechtungen vertikale Verbindungen zu den örtlichen Zulieferern, den unternehmensnahen Dienstleistungen sowie den Kunden. Unternehmen stellen die Ressourcen, die Gebäude, das Know-how, das Kapital und die Fachkräfte für das Regionale Innovationssystem zur Verfügung. Sie entwickeln im intensiven Austausch mit ihren Kunden neue Produkte. Durch lokale Kooperation kommt es nicht nur zu Kostenersparnissen unter den Beteiligten Akteuren, sondern die Unternehmen und Institutionen vermindern durch ihre Verflechtungsbeziehungen die Unsicherheiten im Innovationsprozess.

Regionale Verbände und die lokale Regierung können Unternehmen bei der Netzwerkbildung und der Umsetzung von Innovationen zu marktfähigen Produkten unterstützen. Sie investieren damit in den Erfolg der Unternehmen um später am Gewinn für die Region zu partizipieren.

---

[16] Durch die Implementierung von Forschungseinrichtungen in ein RIS kann die Vernetzung im System bzw. mit überregionalen Netzwerken erhöht werden.

### 4.3. Was macht eine Region innovativer?

Nachdem die Rahmenbedingungen durch das Konzept NIS beschrieben wurden, gilt es nun Nationale bzw. regionale Spezialisierungsmuster zu erklären. Es stellt sich die Frage, ob sich auch in Regionen spezifische institutionelle Rahmenbedingungen und Vernetzungen herausstellen, die ein spezifisches regionales Innovationsmuster zur Folge haben. Oder anders herum gefragt: Warum sind manche Regionen erfolgreicher als andere?

Eine wichtige Annahme, die bei regionalen Innovationssystemen zum tragen kommt, ist die das bei schwer transferierbaren Wissen geographische Nähe erforderlich ist, bzw. „Face to Face Kontakte" im Innovationsprozess enorm wichtig werden. Wissen und Kompetenzen entstehen lokal und finden dort ihre Anwendung. Erst ab einem gewissen Stadium kann personengebundenes Wissen (tacit knowledge) kodifiziert und global verfügbar gemacht werden „In particular, regional spaces are suitable for the development and rooting of noncosmopolitan knowledge, since this kind of knowledge can only be interpreted and applied in a concrete, localised context, and is largely tacit[17]." (Lagendijk 2001:92). Neben geringen Transportkosten hat räumliche Nähe häufige Kommunikationsprozesse zwischen den Akteuren und eine hohe Mobilität der Arbeitskräfte zur Folge, so dass ein intensiver Informations- und (durch die Arbeitskräfte) Kompetenzenaustausch zwischen den Akteuren im Innovationssystem erfolgt. Dieser geschieht über die Vernetzung der Unternehmen, den unternehmensnahen Dienstleistungen und Forschungseinrichtungen innerhalb redundante (überreichlich überströmender) Netzwerke. Krisensichere Strukturen sind durch Redundanz, einem Überhang an Merkmalen und einer losen Koppelung der Akteure untereinander gekennzeichnet.[18] "Unternehmen mit einer dynamisch technischen und ökonomischen Entwicklung organisieren – wie regionale Fallstudien belegen – ihre Verflechtungsbeziehungen häufig als Innovations- und Produktionsnetze, während sich in den industriellen Problemregionen hierarchische, vertikal integrierte Beziehungen verfestigen." (Feldotto 1997:95). In diesen Netzwerken können unterschiedliches Know-how und unterschiedliche Kompetenzen in einem kollektiven Lernprozess kreativ miteinander kombiniert werden, während Märkte und Hierarchien sich als mehr oder wenig ungeeignet herausgestellt haben den kollektiven Lern- und Innovationsprozess zu organisieren.

---

[17] Tacit knowledge: personengebundenes, kodiertes Wissen welches nicht in einer schriftlichen Form vorliegt.
[18] Einseitige Abhängigkeiten werden in diesem System vermieden. Damit wird die Wahrnehmung von Innovations- und Kooperationschancen gefördert, denn die Stabilität einer Region besteht darin ihre Anpassungsflexibilität zu erhalten.

Man geht davon aus, dass ökonomische und technologische Aktivitäten aus diesem Grund dazu tendieren, an bestimmten Plätzen zu agglomerieren und das der Erfolg von Unternehmen zu einem großen Anteil durch die Bedingungen der nächsten Umgebung, dem lokalen Milieu vor geprägt werden (Milieuansatz). "Eine Untersuchung von Baptista und Swann (1998) zeigt, dass Firmen eine umso höhere Innovationsneigung aufweisen, je höher die Anzahl der in der Region vorhandenen Arbeitsplätze in derselben Branche ist." (Fritsch 2000:111).

Regionale Entwicklungsunterschiede erklären sich nicht allein durch Lageparameter und Unterschieden in der Faktorausstattung, sondern durch die Fähigkeit von Wirtschaftssubjekten intra- und interregionale Informations- und Produktionsnetzwerke aufzubauen. Für den Erfolg einer Region ist entscheidend wie die lokalen Unternehmen im Regionalen Innovationssystem zusammenarbeiten und Kompetenzen in der Umsetzung von lokalem Wissen in marktfähige, innovative Produkte aufbauen "...developmental lags between countries or regions should be understood not as a product of lack of resources but of different organizational and technical capabilities to apply practical knowledge to existing resources in a up-to-date way." (Braczyk&Cooke&Heidenreich 1998:8). Eine Möglichkeit diese speziellen Umweltbedingungen zu beschreiben bietet sich durch das Konzept des Regionalen Innovationssystems (Backhaus1998:264).

### 4.4. Bewertung des Konzeptes

Die Innovationspotentiale einer Region sind nicht determiniert. Zwar gibt es gewisse Entwicklungslinien (Trajektorien) in den Produktionssektoren und den institutionellen Rahmenbedingungen, welche die Entwicklung einer Region stark beeinflussen. Die Lernfähigkeit des Gesamtsystems wird dadurch jedoch nicht abgeschwächt. Gerade das Konzept eine RIS bietet die Möglichkeit der Lenkung von innovations- und technopolitischen Gestaltungsmaßnahmen. Durch die Implementierung von Forschungseinrichtungen in ein regionales Milieu kann der interaktive Lernprozess stimuliert werden. Eine andere Möglichkeit wäre eine Verbesserung der Vernetzung bzw. der Interaktion der verschiedenen Akteure innerhalb und außerhalb der Region mittels Transfereinrichtungen.

In der Fachliteratur sind jedoch die Möglichkeiten einer aktiven Gestaltung des RIS durch öffentliche Institutionen umstritten. Veränderung mit direkt von der öffentlichen Hand gesteuerten Ressourcen haben bei der Vernetzung der Akteure im RIS wenig bewirkt.[19] Dass Zusammenspiel der Elemente in einem Innovationssystem wurde eher von spontanen Aktivitäten getragen. Die Güte des Technologietransfers ist nicht abhängig von dem Vorhandensein von Transferinstitutionen an sich, sondern persönliche Kontakte und Transfer von Personal sind wichtiger.

Insgesamt sind die institutionellen Rahmenbedingungen und Regulationsstrukturen der RIS schwer von den Bedingungen und Strukturen des NIS, bzw. auf der Mikroebene von den Milieu und Cluster Ansätzen, abgrenzbar.

# 5. Ausblick: Die Zukunft des Innovationsstandortes Deutschland

Wir sagen: erst heute tritt die eigentliche Schwäche der bundesrepublikanischen Industrie und vermutlich nicht nur der Industrie, sondern auch der bundesrepublikanischen Gesellschaft zutage. In dem Innovationsbereich, in dem es um - „, - grundlegende Innovationen geht, das heißt wirklich um etwas ganz Neues, ist sie schwach. Innovationen diese Typs sind damit verbunden, dass man neue Märkte erschließt, dass man auf verdacht hin Forschung und Entwicklung treibt, um sich neue Verkaufgelegenheiten für Produkte und Dienstleistungen zu schaffen. Nach unserem Dafürhalten liegt da die Schwäche, ob man dies nun die verschlafenen achtziger Jahre nennt oder - wozu ich neige - Strukturkonservatismus. (Baethge, Martin. In FR 25.01.1995)

Das deutsche Innovationsmuster von inkrementalen Innovationen entlang vorgezeichneter Entwicklungslinien mit hoher Wertschöpfung in etablierten Industrien, ist wie der Artikel aus der Frankfurter Rundschau zeigt zunehmend in die Kritik geraten. Der internationale Konkurrenzdruck sowie die Angleichung von Qualitätsstandards haben den Weg entlang bekannter Entwicklungslinien, auf die Produktivitätssteigerung beschränkt. Das deutsche Produktionsmodell wurde auf diese Weise zu ständigen Effizienzsteigerungen getrieben.

Seit den 80er Jahren wurde die Steigerung der Arbeitsproduktivität (Rationalisierung) entlang der bestehenden Trajektorien (Techniklinien) immer schwieriger und führte zu einer Kostenkrise in der deutschen Industrie. Die strukturellen Charakteristika Inflexibilität, Rigidität, Überbürokratesierung, Rent seeking Orientierung, sowie die Verkrustung der politischen sozialen und ökonomischen Strukturen verursachen Kosten, die durch Produktivitätszuwächse nicht mehr kompensiert werden können (Hübner 2001:30).

Auf der anderen Seite hat man die Marktentwicklungen in der Informations- und Kommunikationstechnologie zu spät aufgegriffen. Ein Einschwenken in neue technologische Entwick-

---

[19] Siehe Sternberg, R. Bilanz eines Booms Wirkungsanalyse von Technologie- und Gründerzentren in Deutsch-

lungspfade wurde nur halbherzig in Angriff genommen. Aufgrund der Strukturen im Deutschen Innovationssystem wird es langfristig zu Problemen in der Anbindung von Spitzentechnologien kommen. Die Unternehmen sind noch sehr stark auf ihre traditionellen Konzepte und Produktlinien konzentriert. Die dominierenden Sektoren der deutschen Wirtschaft haben Probleme, an ihren Rändern neue Produkte und Technologien zu integrieren. "Zu vermuten ist, dass hinter diesem Konservatismus ein Nationales Innovationssystem verbirgt, das spezifische Akteursinteressen widerspiegelt und weniger Innovationen als der Strukturkonstanz verpflichtet ist. Das Nationale Innovationssystem selbst bedarf einer Innovation" (Hübner 2001:31).

Deutschland ist im Innovationsbereich in eine strukturelle Krise geraten, obwohl sich der komparative Vorteil des NIS weiterhin durch die Präsens eines erfolgreichen Exportsektors zeigt. Autoren, die diesen Standpunkt vertreten verweisen auf Indikatoren wie die Stagnation der Patentanmeldungen in Deutschland sowie rückläufigen Aufwendungen für Bildung und Forschung. Auf der anderen Seite wird das Innovationssystem der USA als Erfolgsmodell gesehen, welches nur noch durch eine Liberalisierung der Marktwirtschaft auf Deutschland übertragen werden müsste.

Durch eine fortschreitende Liberalisierung besteht die Gefahr, dass die komparativen Vorteile des NIS aufgegeben werden und ein Systemwechsel mit geringen Vorteilen verbunden ist. Das deutsche System ist besser geeignet neue Technologien und Produkte, ob aus dem eigenen Land oder importiert aus dem Ausland, schneller aufzunehmen und in Wertschöpfung umzusetzen und dabei eine höhere Produktivität zu erzielen. "Vor dem Hintergrund dieser strategischen Ausrichtung der deutschen Industrie kann der umstandslose Import beispielsweise anglo-amerikanischer Innovationssysteme keine empfehlenswerte Strategie sein, weil die Gesellschaft Gefahr liefe, die komparativen Vorteile des deutschen Modells zu verspielen, ohne die Stärken der anderen Systeme zu erreichen." (Becker 1997:261).

Trotz Globalisierung bleiben die nationalen Eigenheiten NIS bestehen, so dass sich die komparativen Vorteile der nationalen Systeme komparativ ergänzen und damit zu einem funktionierenden Gesamtinnovationssystem führen. Diese These wird durch den Handel von Patenten und Lizenzen in der Zahlungsbilanz ausgewählter Länder untermauert.

---

land.

**Abb. 7 Patente und Lizenzen in den Zahlungsbilanzen ausgewählter Länder**

| Patente und Lizenzen* in den Zahlungsbilanzen ausgewählter Länder |
| --- |

– in Mio. US-$ –

| Land | | 1995 | 1996 | 1997 |
| --- | --- | --- | --- | --- |
| EU-Länder insgesamt[1] | Einnahmen | 14 511 | 14 995 | 14 890 |
| | Ausgaben | 22 574 | 24 555 | 23 340 |
| | Saldo | -8063 | -9560 | -8450 |
| USA | Einnahmen | 30 290 | 32 820 | 33 680 |
| | Ausgaben | 6920 | 7850 | 9410 |
| | Saldo | +23 370 | +24 970 | +24 270 |
| Japan | Einnahmen | 6010 | 6680 | 7300 |
| | Ausgaben | 9420 | 9830 | 9620 |
| | Saldo | -3410 | -3150 | -2320 |
| Australien | Einnahmen | 234 | 253 | 295 |
| | Ausgaben | 946 | 1073 | 1074 |
| | Saldo | -712 | -820 | -779 |

* Abgrenzung gemäß IWF, „Balance of Payments Statistics" (1998), einschl. Verfahren, Urheberrechte und Filmrechte (ohne Produktionskosten und Gagen).
1 Ohne Dänemark und Griechenland (Daten nicht verfügbar).

Quelle: International Monetary Fund (1998)

Die Abbildung zeigt, dass die USA mit ihren Schwierigkeiten Innovationen in Wertschöpfung umzusetzen als "Patentproduzent" mit einer positiven Zahlungsbilanz von 24 Milliarden US $ in der Weltwirtschaft auftritt, während Deutschland, mit einer negativen Zahlungsbilanz (1,5 Milliarden US $) als "Patentnachfrager" auf dem Weltmarkt erscheint, um Innovationen in Wertschöpfung umzusetzen. Es stellt sich hier die Frage, ob das deutsche System in einer Situation sich verkürzender Produktlebenszyklen verknüpft mit einem globalen Konkurrenzdruck künftig genug Zeit zur Umsetzung von Innovationen in Wertschöpfung bleibt (BMBF 1998). Es ist deshalb eine Anpassungsstrategie zu wählen, die eine Weiterentwicklung der bereits bestehenden Stärken im Auge hat. Neben der Ausrichtung des NIS auf die etablierten Branchenorganisationen, d.h. den deutschen Kernindustrien müssen Netzwerke geschaffen werden, die zwischen den Sektoren vermitteln, damit radikale Innovationen es einfacher haben sich in das deutsche Wirtschaftssystem zu integrieren.

# 6. Literaturverzeichnis

## 6.1. Monographien

Adams, W. P/Lösche, P. (Hg.)(1998): Länderbericht USA. Bonn.

Arndt, O. (2001): Innovative Netzwerke als Determinanten betrieblicher Innovationstätigkeit. Kölner Forschungen zur Wirtschafts- und Sozialgeographie.

Arthur, W. B. (1994): Increasing Returns and Path Dependence in the Economy. Stanford.

Blättel-Mink, B. (Hg.) (1995): Nationale Innovationssysteme- Vergleichende Fallstudie. Stuttgart.

Blättel-Mink, B. (1994): Innovation in der Wirtschaft. Frankfurt.

Blättel-Mink, B. & Renn, O. (HG.) (1997): Zwischen Akteur und System. Opladen.

BMBF (200): Bundesbericht Forschung 2000. Bonn.

BMBF (Hg.)(1998b): Bericht zur Technologischen Leistungsfähigkeit Deutschlands 1998 und Stellungnahme der Bundesregierung. Bonn.

Braczyk, Hans-Joachim/Cooke, Philip/Heidenreich, Martin (Hrsg.) (1998), Regional Innovation Systems. London.

Brant, T. (1989): Anthony Giddens och samhällsvetenskapen. Stockholm.

Camagni, Roberto (Hg.), (1991): Innovation networks: spatial perspectives. London.

Cooke, P. & Morgan (1998): The Associational Economy. Oxford.

Dosi, G., Freeman, C., Nelson, R., Silverberg, G. (Hrsg.) (1988): Technical Change and Encmic Theory. London.

Diercke (1998): Wörterbuch Allgemeine Geographie. München.

Edquist, C. (Hg.) (1997): Systems of Innovation: technologies, institutions and organizations. London.

Feldotto, P. (1997): Regionales Innovationsmanagement unter den Bedingungen einer regionlisierten Strukturpolitik. Berlin.

Fritsch, M. & Meyer-Krahmer, F u.a. (Hg.) (1998): Das Innovationssystem Ostdeutschlands: Problemstellung und Überblick. Heidelberg.

Gibbons, M. u.a. (1994): The new production of knowledge. London.

Gutowski, A. (1999): Innovation als Schlüsselfaktor eines erfolgreichen Wirtschaftsstandortes nationale und regionale Innovationssysteme im globalen Wettbewerb. Bremen.

Hirsch-Kreinsen, H. & Schulte, A. (Hrsg.), (2000): Standortbindungen. Berlin.

Hübner, K. & Nill, J. (2001): Nachhaltigkeit als Innovationsmotor. Berlin.

International Monetary Fund (1998): Balance of Payments Statistice 1998.

Koschatzky, K. (Hg.)(2001): Räumliche Aspekte im Innovationsprozess: Ein Beitrag zur neuen Wirtschaftsgeographie aus der Sicht der regionalen Innovationsforschung. Münster.

Koschatzky, K. u.a. (Hg.) (2001): Innovation Networks. Heidelberg.

Lundvall, B. (Hg.) (1992): National systems of innovation: towards a theory of innovation and interactive learning. London.

Naschold, F. u.a. (Hg.) (1997): Ökonomische Leistungsfähigkeit und institutionelle innovation. Berlin.

Nelson, Richard R. (Hrsg.) (1993), National Systems of Innovation. A comparative analysis. Oxford.

OECD (1996): Networks of Enterprises and local development. Paris.

Porter, M. (1990): The Competitive Advantage of Nations. New York.

Reichart, T. (1999): Bausteine der Wirtschaftsgeographie. Stuttgart.

Ritter, W. (1993): Allgemeine Wirtschaftsgeographie. München.

Schätzl, L. (1996): Wirtschaftsgeographie 1 Theorie. Paderborn.

Schumpeter, Josef, (1935): Theorie der wirtschaftlichen Entwicklung (4. Auflage). Leipzig.

Spielkamp, A. (1997): Grenzen und Reichweiten nationaler Innovationssysteme und forschungspolitische Implikationen. Mannheim.

Sternberg, R. u.a. (1996): Bilanz eines Booms Wirkungsanalyse von Technologie- und Gründerzentren in Deutschland. Dortmund.

### 6.2. Aufsätze

Backhaus, A. (1999): Öffentliche Forschungseinrichtungen in regionalen Innovationssystemen. Verflechtung und Wissenstransfer - Empirische Ergebnisse aus der Region Südostniedersachsen. In: Hannoversche Geographische Arbeiten 55.

Backhaus, A & Seidel, O. (1998): Die Bedeutung der Region für den Innovationsprozess. In: Raumforschung und Raumordnung. 4/1998.

Becker, C. & Vitols, S. (1997): Innovationskrise der deutschen Industrie? In: Naschold, F. u.a. (Hg.) (1997): Ökonomische Leistungsfähigkeit und institutionelle Innovation. Berlin.

Cooke, P. & Morgan, K. (1994): The creative milieu. A regional perspective on innovation. In: Dodgson, M. & Rothwell, R.: The handbook of industrial innovation. Vermont.

Freeman, C. (1995): The National System of Innovation in a historical perspective. In: Cambridge Journal of Economics. 19/1995.

Fritsch, M. & Schwirten, C. (1998): Öffentliche Forschungseinrichtungen im regionalen Innovationssystem. In: Raumforschung und Raumordnung. 4/1998.

Fritsch, M. (1999): Cooperation in regional innovation systems. Freiberger Working Papers.

Fritsch, M. (2000): Ansatzpunkte und Möglichkeiten zur Verbesserung regionaler Innovationsbedingungen - Ein Überblick über den Stand der Forschung. In: Hirsch-Kreinsen u.a. (Hg.): Standortbindungen. Berlin:

Fritsch, M & Koschatzky, K & Schätzl, L. & Sternberg, R. (1998): Regionale Innovationspotentiale und innovative Netzwerke. In: In: Raumforschung und Raumordnung. 4/1998.

Keck, O. (1993): The National System for technical innovation in Germany. In: Nelson, R.R.: National Innovation Systems. Oxford.

Koschatzky, K. (1998): Innovationspotentiale und Innovationsnetzwerke in grenzüberschreitender Perspektive. In: Raumforschung und Raumordnung. 4/1998.

Lagendijk, A. (2001): Scaling Knowledge Production: How Significant is the Region? (79-100) In Fischer, M.& Fröhlich, J. (Hg.): Knowledge, Complexity and Innovation Systems. Heidelberg.

McKelvey, M. (1991): How do National Systems of Innovation Differ? : A critical Analysis of Porter, freeman. Lundvall and Nelson. (117-137) In: Hodgson, G. M. & Screpanti, E.(Hg.): Rethinking Economics. Worcester.

Soskice, David (1997), Technologiepolitik, Innovation und nationale Institutionengefüge in Deutschland. (319-348) In: Frieder Naschold/David Soskice/Bob Hancke/Ulrich/Jürgens (Hrsg.): Ökonomische Leistungsfähigkeit und institutionelle Innovation. Berlin.

Soskice, D. (1994): Innovation Strategies of Companies: A Comparative Institutional Approach of Some Cross-Country Differences. In: Zapf, W & Dierkes, M. (Hg.): Institutionenvergleich und Institutionendynamik. Berlin.

Sternberg, R. (1998): Innovierende Industrieunternehmen und ihre Einbindung in intraregionale versus interregionale Netzwerke. In: Raumforschung und Raumordnung. 4/1998.

Welsch, J. (1994): Innovationsstandort Deutschland - Verpasste Chancen? In: WSI-Mitteilungen 1/1994.

### 6.3. Internetquellen

http//www.bmbf.de (download 3.10.2001)

http//www.oecd.org (download 11.10.2001)

http//www.zew.de (download 5.10.2001)